神奇的家大探秘

动物的家

〔意〕阿涅塞·巴鲁齐　著、绘
惠伊宁　译

深圳出版社

目录

河狸的小木屋

河狸们是能工巧匠。河狸一家一起搭建了非常舒适的小木屋。它们可以从两个水下入口进入小木屋。屋子里有一个前厅，河狸可以在这里晾干身上的皮毛，里面还有一个完全干燥的主房。

水下入口可以阻止不会游泳的捕食者进入小木屋。

小木屋的顶端有一个用来透气的缝隙。
小木屋的下面是一个仓库，里面储存着树根、树叶和树皮等食物。

吉拉啄木鸟的巢穴

吉拉啄木鸟在巨型仙人掌里建造自己的巢穴，这种仙人掌在美国亚利桑那州和墨西哥的沙漠中很常见。对于吉拉啄木鸟来说，巨型仙人掌里面很安全，在这里，吉拉啄木鸟可以躲避狼和蛇等的攻击。

那些被吉拉啄木鸟遗弃的巢穴经常会被其他动物再次使用，比如猫头鹰或者蛇。

吉拉啄木鸟会用它有力的嘴巴在巨型仙人掌上啄一个洞，当洞变干燥的时候，吉拉啄木鸟便把它用作巢穴。

蜘蛛网

蜘蛛用蛛丝建造自己的房子，蛛丝来自蜘蛛肚子上的腺体。蜘蛛网让蜘蛛能够在空中移动，远离地面上的捕食者，同时也能捕获猎物。

蛛丝也可以用来保护蜘蛛卵，蜘蛛通常会把卵袋结在蜘蛛网的角落里。

蛛丝有不同类型：曳丝用来支撑蜘蛛网；黏丝有黏性，用来捕获虫子。

海葵和小丑鱼

海葵生长在海底珊瑚礁附近。它潜入海底，用自己晃动的触手捕获小鱼等为生。小丑鱼的家就在这里：在海葵的触手之间！

小丑鱼的身上有一层黏液，这层黏液可以保护小丑鱼不被海葵的毒刺伤害。藏在海葵的触手间，小丑鱼便可以躲开捕食者。作为回报，小丑鱼也会帮海葵清理身上的寄生虫。

小丑鱼也会充当诱饵：想攻击小丑鱼的捕食者会被吸引至海葵的触手之间，这时如果捕食者碰到海葵的触手，海葵会用毒刺刺中捕食者并以此为食。

鼹鼠的隧洞

草地中间移动的土丘是鼹鼠出没的明显标志。鼹鼠日夜不停地工作，用有力的前爪挖出完备的地下隧洞系统。鼹鼠的隧洞像是一个升级版的完美迷宫，可以帮鼹鼠躲避外界的威胁，比如捕食者、严寒或酷热的天气，也可以保护鼹鼠免受人类的伤害。此外，鼹鼠可以在隧洞里找到大量食物：事实上，地下大量的小虫子和蚯蚓是它的食物来源之一。

鼹鼠喜欢沟渠旁边潮湿的土壤。在这里挖隧洞更容易些，并且这里有更多虫子。

不同深度的隧洞作用不同：鼹鼠会在靠近地面的隧洞探寻新领地，找寻食物和伙伴，然后在更深的隧洞里生活。

松鼠的巢穴

松鼠非常灵巧，借助爪子和长尾巴来攀登，长尾巴是它的平衡棍。松鼠大约用5天的时间就可以在树洞里给自己搭好巢穴。有时，为了省事，松鼠更喜欢用乌鸦、喜鹊或者其他鸟类留下的空巢。

一些松鼠在地上挖穴，它们会在地上挖一个坑，坑下有很多地洞，松鼠会把食物存储在地洞里。

松鼠会在树洞里贮存它喜欢的食物：松子、橡子和榛子。有时松鼠也像园丁一样“种植”这些食物。

火烈鸟的巢穴

火烈鸟在沼泽地或者湖边筑巢。雄火烈鸟和雌火烈鸟把泥和藻类混合在一起，用来搭建火山形状的巢穴。雌火烈鸟会把卵产在巢穴里，然后由火烈鸟夫妻共同孵化。

　　在泥土不足的时候，火烈鸟会用小石子儿做巢穴的墙。巢穴里面会填充草、小树枝或者羽毛。

　　火烈鸟通常以泥土筑成高墩做巢，不等泥干，就进入巢中产卵。

蜂巢

每一个蜜蜂家族都由一只蜂王和成千上万只工蜂组成。养蜂人把蜜蜂养殖在被称为蜂箱的小匣子内。蜜蜂会从花朵上收集花粉和花蜜，再把它们转化为蜂蜜。然后，蜜蜂会把蜂蜜运进蜂箱，放进以蜂蜡制成的六角蜂巢中保存以备过冬之需。

养蜂人会在蜂箱里放置很多巢框，巢框上满是用蜂蜡制成的六角蜂巢。巢框下是储存蜂蜜的巢箱。

蜂王会把卵产在巢框上。巢框上到处都是储存的蜂蜜，冬天，蜜蜂们以此为食。

黄喉蜂虎的巢穴

黄喉蜂虎是一种候鸟，这种鸟在春天的时候抵达欧洲，而在夏天快要结束的时候又启程飞往非洲。黄喉蜂虎会沿着河边的斜坡或悬岩筑巢。黄喉蜂虎也会把巢穴建在乡下或者树林里的沙洞中。它用长长的鸟喙挖掘隧洞，雌性黄喉蜂虎会把卵产在隧洞里。

巢穴里面，黄喉蜂虎父母会共同孵化鸟卵。鸟卵是球形的，孵化20天左右，小黄喉蜂虎就会破壳而出。

黄喉蜂虎的巢穴搭得像是兔子窝或其他穴居动物的巢穴。

兔子的隧洞

兔子洞里有很多房间，这些房间由隧道连接。通常兔子会选择下坡路段来挖洞，这样进入洞内会更加方便。兔子用前爪锋利的指甲挖掘，然后用后爪把大量的泥土推出洞外。为了躲开捕食者，它们可以从不同的入口进入兔子洞，每个洞里生活着2~10只兔子。

兔子洞旁边经常有兔毛和松动的土块。

白鹳的巢穴

白鹳生活在开阔的环境中，比如沼泽地或者长满草的平原地区，在这些地方捕食其他小动物。白鹳也喜欢在高高的建筑物上，比如在烟囱上或者钟楼上筑巢。白鹳选择这些露天的地方筑巢，方便自己回到巢穴。

夏天结束时，白鹳会带着自己的孩子飞回温暖的国度，在那里过冬。

白鹳父母会用大约1个月的时间共同孵化鸟卵。
小白鹳2岁前会待在父母身边，因为它们在第3年的时候才会为自己营造新巢。

北极熊的冰洞

北极熊生活在北极地区。冬天的时候，雌北极熊会在雪堆之间的沟壑处挖一个庇护所。北极熊的洞穴只比北极熊大一点儿，里面有两个房间，北极熊妈妈和北极熊幼崽各住一间。雄北极熊独居，不跟家人生活在一起。

大房间旁边就是
北极熊幼崽的房间。
北极熊的爪子很适合在
雪地里挖掘，熊爪下面也长
着厚厚的皮毛。

猫头鹰的巢穴

猫头鹰大多是夜行性动物。白天，猫头鹰会用全身羽毛把自己伪装起来，在树洞里或者废墟中休息。雌猫头鹰经常会把卵产在其他鸟类的空巢穴里，或者是废弃的松鼠洞里，雌猫头鹰一窝会产下3~10枚卵。在雌猫头鹰孵化和照顾猫头鹰雏鸟的这段时间内，雄猫头鹰会喂养雌猫头鹰。

冬天，猫头鹰会聚集在同一棵树上，到了晚上，它们便从这里出发去捕食。

通常，猫头鹰在几年时间里会“忠于”同一棵树。

鹦鹉鱼的黏液泡

即便不能合上眼睛，鱼照样也要睡觉！然而，为了做到这一点，鱼需要一个安全的藏身之处。尤其是鹦鹉鱼，彩色的鹦鹉鱼会被鲨鱼轻易识别出来。通常情况下，鹦鹉鱼在石头的缝隙间睡觉，但是这种藏身之处还不能完全保护鹦鹉鱼免受捕食者的侵袭。于是，鹦鹉鱼用透明的保护黏液把自己覆盖住，像穿着睡衣一样把自己包裹起来。

黏液泡
早上，鹦鹉鱼会咬开黏液泡出来，黏液泡则会浮到水面上。
覆盖在鹦鹉鱼身上的黏液有一种难闻的气味，这种气味会让捕食者远离鹦鹉鱼。

燕子窝

燕子是一种候鸟：4~10月，燕子生活在北半球。之后，燕子会开始一段非常长的旅行，到南方过冬。春天，燕子飞回北方，它会在屋檐下，马厩、洞穴或天然的庇护所里筑巢。

燕子窝外部是用小泥球做的，这些小泥球是燕子用嘴巴衔来的；燕子窝里面填充有草和羽毛这些柔软的材料。

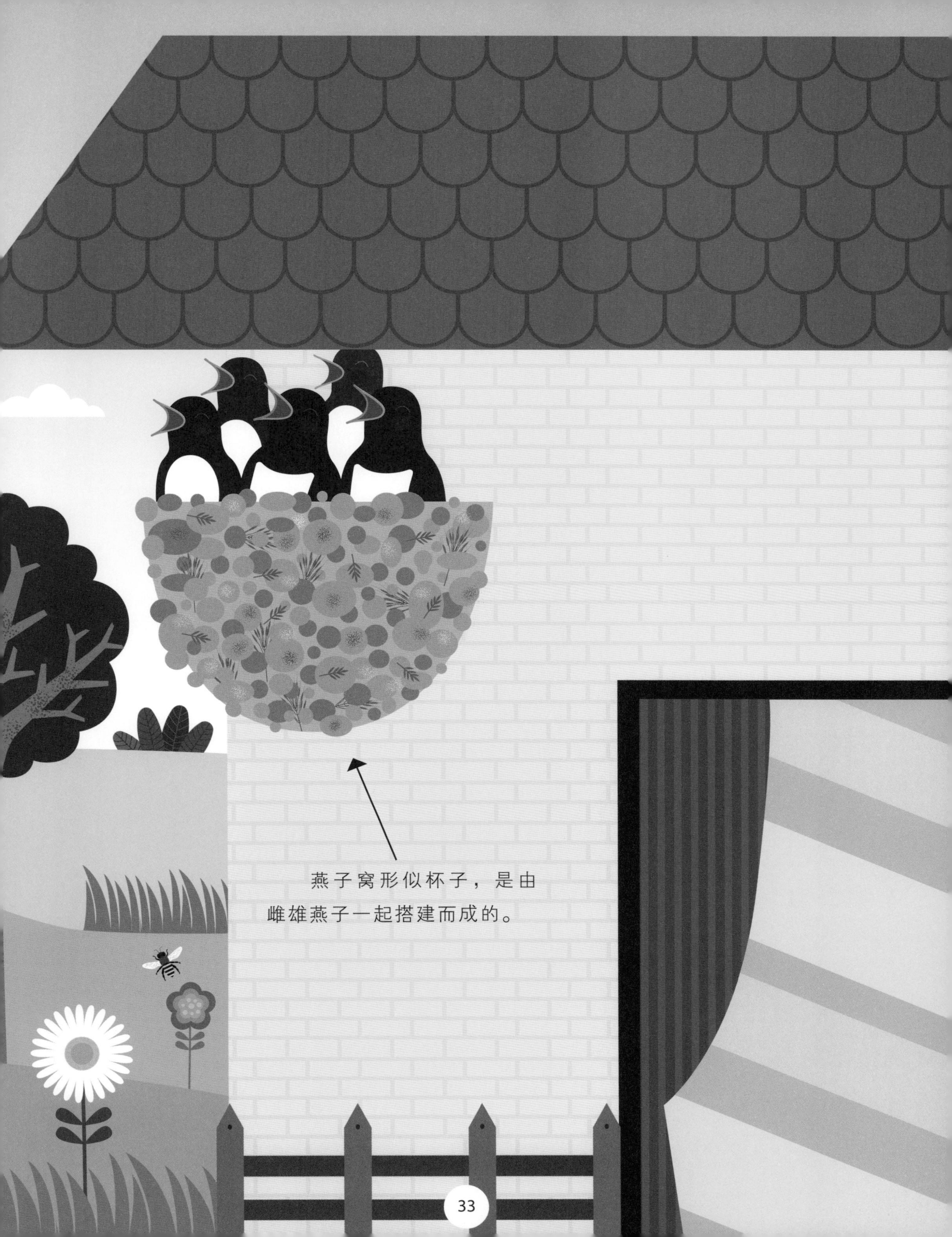

燕子窝形似杯子，是由雌雄燕子一起搭建而成的。

鳄鱼的巢穴

鳄鱼生活在河流、湖泊、沼泽等水源丰富的地方。鳄鱼妈妈会找一个安全的地方搭建巢穴，它先在地下进行挖掘，然后再覆盖上树叶和泥土。阴暗潮湿的地方更适合鳄鱼生活，在这里鳄鱼可以更容易地挖掘巢穴。鳄鱼妈妈会在窝里产下几十枚鳄鱼卵，一个半月后这些鳄鱼卵会同时孵化。

鳄鱼父母非常深情：它们会一直看护着巢穴，直到小鳄鱼孵化出来。在小鳄鱼出生后的4个星期内，鳄鱼父母还要保护小鳄鱼免受捕食者的伤害。

小鳄鱼的性别由温度决定：当巢穴内的温度低于29℃，将会孵化出雌鳄鱼；温度在30~34℃之间，雌雄不定；温度超过34℃，将会孵化出雄鳄鱼。

巢穴内的鳄鱼卵要孵化时，会发出一些声音：当听到这个信号时，鳄鱼妈妈便开始往外挖鳄鱼卵，并帮助小鳄鱼破壳而出。

蜗牛壳

蜗牛是一种非常胆小的动物，一旦感觉到危险，便会立刻缩进自己的壳内。蜗牛行动非常缓慢，实际上这是出于在很多捕食者面前保护自己的需要。蜗牛壳既可以御寒，也可以防热。蜗牛可以用一种银色的黏液做成干膜，把自己封在蜗牛壳里。

蜗牛产卵的时候会钻到土里，并且会在这里度过很长时间。

蚁穴

蚁穴内有很多由隧道相连接的分室。一些分室用来休息，一些分室里是蚁卵和蚂蚁幼虫，还有一些分室用来储存食物，工蚁负责在蚁穴内搬运食物，它们能搬动比自己重很多的东西。

蚁穴的入口由兵蚁守卫。
蚂蚁的触角很灵敏，蚂蚁通过触碰触角来交流信息。
蚁后的房间
蚁后的房间处于蚁穴最安全的地方，这里有数千枚蚁卵。

寄居蟹的海螺壳

寄居蟹没有硬壳藏身来躲避捕食者，只能寻找空海螺壳负壳爬行。和寄居蟹不一样，海螺壳不会随着寄居蟹一起长大，因此寄居蟹得花很多功夫来改造海螺壳内部。为了在海螺壳里面住得更舒服，部分寄居蟹会释放一些化学物质来腐蚀海螺壳内部，从而增加内部空间。当海螺壳变得特别紧的时候，寄居蟹就会寻找一个新的海螺壳。

每只寄居蟹都非常小心，以防自己的海螺壳被偷走，因此，它们从不离开自己的海螺壳，即使是在交配的时候。事实上，当寄居蟹恋爱时，它们会靠近对方相互亲近，但是绝不会从海螺壳里出来。

一些被寄居蟹“装修”过的海螺壳很宽敞，甚至可以容纳鸡蛋。对于寄居蟹来说，这些海螺壳非常珍贵。

蝙蝠洞

为了经受住严寒的天气，蝙蝠经常成群生活，这样它们就能靠身体的热量互相取暖。通常，在冬天，蝙蝠生活在洞穴和山洞里，成千只蝙蝠聚集在这里；在气候暖和的月份里，蝙蝠会藏在树洞里。蝙蝠也生活在城市里，它们可以很轻易地在楼房和屋檐下找到一个藏身之处。当蝙蝠飞往森林和乡村寻找食物时，我们很容易看到它们绕着路边发光的路灯飞来飞去。

蝙蝠对人们有很大帮助：它们靠吃害虫为生，比如蚊子。这就是为什么在有些地方，很多人会在自己家附近挂一个小屋，给蝙蝠提供栖息之地的原因。

蝙蝠在黑暗的空间，比如洞穴里，依靠被沿途障碍物反射来的超声波确定自己的方位。

白蚁窝

白蚁窝可以达到难以想象的高度：有12.8米那么高！由于白蚁对湿度有一定的要求，它们的家也延伸到了地下，地下的隧道深不见底。白蚁窝非常坚固，是由白蚁咀嚼过的土筑成的。白蚁窝里面的地道使空气得以流通。白蚁窝中间的部分住着蚁王和蚁后，这里还有蚁卵、储存的食物，以及种着蘑菇的菌圃。

很多人为了捕捉白蚁食用，会毁坏蚁窝。白蚁的营养价值很高，它们所含的热量比一块同样重的牛排的热量都高！

白蚁窝的顶部有一些安全出口，当洪水来临时，白蚁可以从这些出口逃出。
白蚁在这里种植蘑菇：蘑菇生长要靠白蚁咀嚼过的木头和草获取营养，之后白蚁会吃掉这些蘑菇。
菌圃
蚁王和蚁后的房间

丛林公寓

茂密的亚马孙雨林中生长着很多参天大树。通常，在同一棵树的不同高度，会发现鸟类、昆虫、爬行动物和哺乳动物的家。你们想象一下，就像公寓里住着几十种不同的动物。

树懒在睡梦中度过了大部分时间。它的行动非常缓慢，身上有与其共生的藻类。

角雕生活在高处，高的地方会透进更多光。它以猴子、树懒等为食。
蟒蛇生活在树上，也在树上产卵。休息的时候，蟒蛇会盘绕在树枝上。
有毒的狼蛛是一种非常重的蜘蛛：由于体重原因，它爬不上树，只能生活在低处。

版权登记号　图字：19-2022-159 号

图书在版编目（CIP）数据

动物的家 /（意）阿涅塞·巴鲁齐著、绘；惠伊宁译 . -- 深圳：深圳出版社，2023.3
（神奇的家大探秘）
ISBN 978-7-5507-3619-1

Ⅰ . ①动… Ⅱ . ①阿… ②惠… Ⅲ . ①动物 – 儿童读物 Ⅳ . ① Q95-49

中国版本图书馆 CIP 数据核字 (2022) 第 212340 号

动物的家

DONGWU DE JIA

出 品 人　聂雄前
责任编辑　李新艳
责任技编　陈洁霞
责任校对　万妮霞
装帧设计　心呈文化

出版发行　深圳出版社
地　　址　深圳市彩田南路海天综合大厦（518033）
网　　址　www.htph.com.cn
订购电话　0755-83460239（邮购、团购）
设计制作　深圳市心呈文化设计有限公司
印　　刷　中华商务联合印刷（广东）有限公司
开　　本　889mm × 1194mm　1/16
印　　张　3.5
字　　数　80 千字
版　　次　2023 年 3 月第 1 版
印　　次　2023 年 3 月第 1 次
定　　价　59.80 元